KB201812

발트 삼국에서 동유럽까지
일상의 시간을 거니는 유럽 스케치 여행

발트 삼국에서 동유럽까지

일상의 시간을 거니는 유럽 스케치 여행

다카하라 이즈미 지음 · 김정미 옮김

Kyra

유럽은 가도가도 또 가고 싶은 매력이 있습니다. 스케치 여행을 시작한 지 십 년이 되었으나 여행을 준비할 때마다 여전히 새로운 기대로 가슴이 뜁니다. 어린 아들은 그 사이 든든한 길동무로 커 주었습니다.

이번에는 아직은 멀고 낯선 느낌의 북유럽과 동유럽으로 떠났습니다. 먼저 핀란드와 발트 삼국을 둘러보는 일정입니다. 그리고 슬로베니아와 크로아티아의 매력을 찾아 나섰습니다. 수백 년의 역사와 문화를 간직한 나라에는 작지만 보석 같은 곳이 숨겨져 있습니다. 한순간에 시간을 거슬러 온 듯한 중세 골목에서, 오래된 교회 광장 앞에서, 전통 요리를 내놓은 레스토랑에서, 낡은 아파트먼트 호텔에서 마음이 이끄는 대로 그림을 그렸습니다.

우연히 말을 건넨 사람들, 갓 구운 빵의 고소한 향기, 활기찬 시장의 소음, 방 안을 장식한 빨간 장미 등 모든 것이 그림의 소재입니다. 특히 우리가 묵거나 방문했던 건물의 조감도와 투시도를 가능한 한 많이 그렸습니다. 집이야말로 그곳에 사는 사람의 일상을 고스란히 담고 있기 때문입니다. 인형의 집처럼 오밀조밀한 조감도를 그리며 '이곳에서 어떤 사람이 어떻게 생활했

을까?' 상상해 봅니다. 천장까지 이어지는 큰 창문을 그리며 따스한 햇빛이 내리쬐는 거실에서 책을 읽는 모습을 떠올립니다. 부엌의 타일 장식을 그릴 때는 풍성한 저녁 식탁에 모여 앉은 가족을 생각하기도 합니다.

여행에서 돌아와 스케치를 채색하면 그림에 담긴 일상이 추억으로 따스하게 되살아 납니다. 그림을 그리던 순간의 분위기와 냄새, 소리가 선명하게 머릿속에서 재생됩니다. 마치 그곳의 일상이 그대로 저장되어 온 것 같은 느낌입니다. 힘들었던 시간까지도 소중하고 행복한 기억으로 남았습니다. 그래서 매번 지치지도 않고 '다음 여행은 어디로 갈까?'를 꿈꾸는가 봅니다.

흔히 일상을 벗어나기 위해 여행을 한다지만, 저의 스케치 여행은 그곳의 일상을 담아 오는 과정입니다. 유럽의 작은 마을에서 살아 보는 기분을 함께 즐기기 바랍니다.

다카하라 이즈미

차례

Ⅱ. 슬로베니아 & 크로아티아
Slovenia & Croatia

핀란드 & 발트 삼국

Finland & Baltic States

헬싱키 *Helsinki*

탈린 *Tallinn*

타르투 *Tartu*

리가 *Riga*

쿨디가 *Kuldiga*

빌뉴스 *Vilnius*

평생에 한 번은 가 보고 싶던 북유럽.

보고 싶은 것도 하고 싶은 것도 많다.

욕심을 내다 보니 2주 동안 핀란드를 시작으로

에스토니아, 라트비아, 리투아니아까지

4개국을 돌아보는 상당히 바쁜 일정이 되었다.

허투루 쓰는 시간 없이 잰 걸음으로 움직여야 할 것이다.

어떤 추억이 만들어질까?

여행은 늘 설렘과 함께 시작된다.

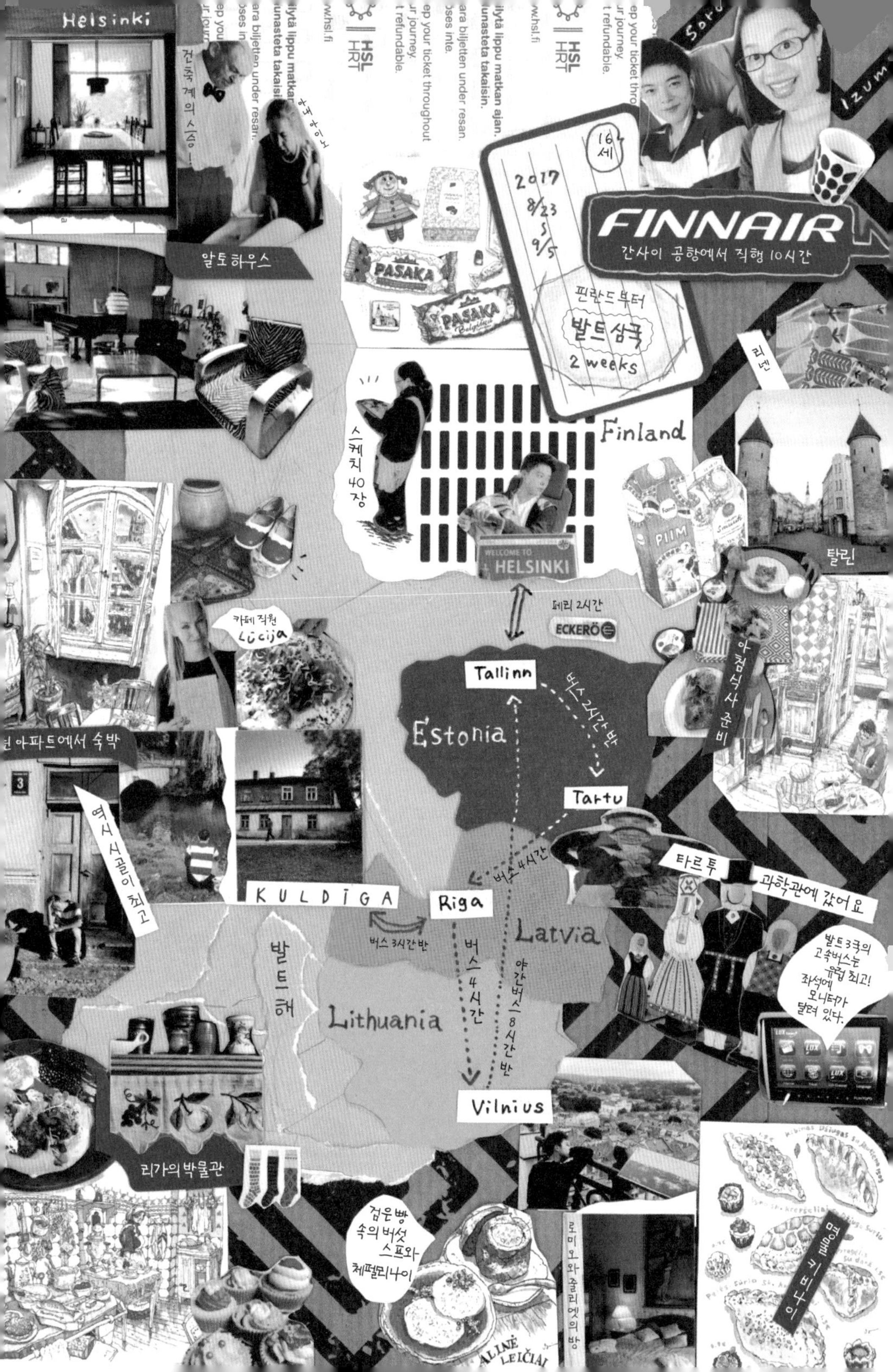

Helsinki
건축계의 스승!
아내 아이노
알토하우스
2017 8/23 ~ 9/5
16세
핀란드부터
발트삼국
2 weeks
FINNAIR
간사이 공항에서 직행 10시간
PASAKA
리넨
스케치 40장
Finland
WELCOME TO HELSINKI
PIIM
탈린
페리 2시간
ECKERÖ
카페 직원 Lūcija
Tallinn
버스 2시간 반
Estonia
Tartu
아침식사 준비
시골 아파트에서 숙박
역시 시골이 최고
버스 4시간
타르투
과학관에 갔어요
KULDĪGA
Riga
Latvia
버스 3시간 반
버스 4시간
야간버스 8시간 반
발트해
Lithuania
발트3국의 고속버스는 유럽 최고! 좌석에 모니터가 달려 있다.
Vilnius
리가의 박물관
검은빵 속의 버섯 스프와 체펠리나이
로미오와 줄리엣의 방
명물 키비나이

Helsinki 헬싱키, 핀란드

10시간을 날아서 헬싱키
반타 국제공항에 도착했다.
2015년에 개통된 철도 덕분에
공항에서 중앙역까지
30분밖에 걸리지 않는다.
그런데 티켓 자동판매기가 한 대뿐이라
여행자들이 꼬리에 꼬리를 물고 늘어섰다.
긴 줄에 서서 차례를 기다리다
기차 몇 대를 보내고 말았다.

시내에 도착하자마자 먼저
버거스 하우스Ruiskumestarin talo로 향했다.
박물관으로 운영되는 버거스 하우스는
1818년 무렵 지어진 집이다.
헬싱키에서 가장 오래된 이 목조 주택에서는
옛 헬싱키 시민의 소박한 생활상을 엿볼 수 있다.
폐관 10분 전에 겨우 도착하니
입구는 이미 닫혀 있었다.
열 시간이나 걸려서 온 첫 여행지,
간단히 포기할 수 없었다.
문을 두드리니 다행히 직원이 나왔다.
네 개의 방이 있는 작은 집을 얼른 화폭에 담았다.

* 1818년 무렵 지어진 헬싱키에서 제일 오래된 목조 건축
Helsinki
Finland
BURGHER'S
HOUSE
MUSEUM

*오래된 호텔의 공용 부엌

콩그레시코티 호텔Kongressikoti Hotel은
공용 부엌이 있고
베란다 구석구석까지 잘 손질되어 있어
마치 누군가의 집에 머무는 듯 느껴졌다.
꽃이 가득한 밖으로 나가고 싶었지만
헬싱키의 날씨는 8월에도 약간 쌀쌀했다.
결국 실내에서 커피를 마시며
앞으로의 일정을 살폈다.

Asiallinen
oleskelu
EHDOTTOMA
SALLITTU
HELSINKI
MAP
Helsinki
Finland
헬싱키, 핀란드

Tallinn 탈린, 에스토니아

에스토니아의 수도 탈린은 헬싱키에서 배로 두 시간 걸린다.

배의 종류에 따라 가격과 시간이 다르다.

꼼꼼히 확인하고 왕복 티켓을 예약했는데

갑자기 일정이 바뀌는 바람에 돌아오는 티켓을 취소해야 했다.

환불은 안 된다며 대신 배에서 사용할 수 있는 상품권을 주어서

평소라면 얼씬도 안 할 값비싼 조식 뷔페를 먹었다.

갑판에서 들려오는 흥겨운 노랫소리에 행복감이 차올랐다.

*피에르 쇼콜라테리에서
pictures
cards
NÄITUS
öhku täis
Tallinn
Estonia

14세기에 세워진 두 개의 돌탑 사이를 지나
유네스코 세계문화유산으로 지정된
탈린의 구시가에 들어서자
중세로 타임 슬립을 한 기분이 든다.
납작한 돌이 카펫처럼 깔린 거리에
마차와 구형 자동차가 달리고 있다.
골목에는 작은 가게가 드문드문 이어진다.
너무 복잡하지도 한적하지도 않은 간격.
사람도 가게도 적당한 거리를 두는 게 좋다.

* 탈린의 뒷골목

*장인의 정원

'장인의 정원'이라는 작은 광장을 발견했다.
옅은 파스텔색 건물 곳곳에 테이블을 놓고
선명한 빨간색 천을 덮어 포인트를 주었다.
여기에 건물 사이를 가로지르며 자란
덩굴 식물이 대비를 이루어
생기 넘치는 분위기를 돋운다.
광장 앞에 유명한 초콜릿 카페
피에르 쇼콜라테리Pierre Chocolaterie가 있다.
비가 와서 실내에 자리를 잡고
케이크와 핫초코를 주문했다.
중세 건물이 아늑한 느낌을 주었지만
날씨가 허락한다면 테라스 좌석이 좋겠다.

MEISTRIKOJAD
Tallinn Estonia

FRUIT-LEMON
PIRUKAD
SALAD
QUICHE
PLAADIKOOK

발길 닿는 대로 돌아다니다 보니 오후 5시.
맙소사, 점심을 건너 뛰었다는 걸 그제야 알아차렸다.
채식주의자는 아니지만 비건 요리 맛집이 있어 가 보기로 했다.
비건 레스토랑 V Vegan Restoran V 는
'인간은 동물을 착취하지 않고 살아가야 한다'는 정신에 따라
육류나 어패류는 물론 달걀이나 유제품도 사용하지 않는다.
콩으로 만든 타코는 비건 요리인 줄 몰랐다면
고기를 다져 넣었다고 해도 믿었을 것이다.

* 비건 요리를 파는 레스토랑

* 단독주택 카페 보헴에서의 한때

에스토니아에 도착한 이후

계속 비가 내렸다.

추워도 모처럼 트램을 타고

교외에 있는 카페에 가기로 했다.

그런데 출발부터 난관이었다.

1일 패스를 파는 키오스크마다 문이 잠겼다.

세 번째 키오스크에서 겨우 패스를 샀지만

타야 하는 2번 트램이 도통 오질 않았다.

폭우 속에서 삼십 분을 기다리다

신발이 흠뻑 젖어 버렸다.

나중에 알아 보니 공사 때문에 운행하지 않았단다!

버스를 타고 찾아간 카페 보헴Boheem은

요리는 기대에 못 미쳤으나

다양한 인물 스케치를 할 수 있었다.

* 빨간 장미가 반겨 준 아파트

아파트 숙소는 찾아가기가 쉽지 않다.
대개 숙소 이름이 쓰여 있지 않아
길을 잃고 헤매기 일쑤다.
결국 현지인이 전화를 걸어 줘서
겨우 관리인을 만날 수 있었다.
레발 올드 타운 홈Reval Old Town Home은
그 모든 수고를 깨끗이 씻어 주는 곳이었다.
L자형 구조의 아파트는 어느 방에서도
햇빛이 비추는 정원을 볼 수 있었다.
갈색 마루, 회색과 검은색으로 정돈된 인테리어,
그리고 빨간 장미가 환영해 주었다.
매번 망설이면서도 아파트를 포기하지 못하는 이유다.

2F → 3F
Dining room
Kitchen
Tallinn Estonia

숙소를 찾느라 지친 탓에

다시 버스를 타고 레스토랑을 찾아가기도 힘들다.

식기도 잘 갖춰져 있으니 오늘 저녁은 해 먹기로 했다.

가까운 마트에서 이런저런 음식을 사 왔다.

키슈*를 데우고, 올리브유에 소금과 후추를 뿌린 샐러드,

요거트와 스무디를 더하니 금세 한 상이 차려졌다.

---

*프랑스의 대표적인 달걀 요리로 일종의 에그 타르트.

치킨과 파인애플 키슈 4.85€

KANA-ANANASSI
QUICHE
Chicken & Pineapple

Gourmet CLUB

PROOVI SAMUTI

* 오늘은 아파트에서 키슈와 샐러드로 아침식사

Киш с курицей и ананасом

발트 삼국에서는 검은 빵

0.95€

딱딱하고 신맛이 난다

Eve-Kati
SEEMNELEIB

Eve-Kati Mägi

딸기 요거트

0.55€

LaCrema

블루베리 요거트

0.79€

Farmi
SKYR
Mustikkaskyr

VÜRTSIKAS
SARDIINI
PASTEET

파테

2.3€

MINERVA
SINCE 1942
PATÊ DE
SARDINHA
PICANTE
SPICED SARDINE
PASTE
65g

MICHELLE

봉지에 든 순무

0.45€

Tallinn
Estonia

이번 여행에서는

현지인의 일상을 잘 보여 주는

공간, 건물의 조감도를

가능한 한 많이 그리고 싶었다.

그래서 탈린에 머무는 3일간 숙소 두 곳을 이용했다.

이번에는 어떤 곳일까?

새로운 숙소의 낡은 계단을 따라 올라가며 가슴이 두근거렸다.

* 타일로 멋스럽게 꾸민 아파트의 부엌

샹들리에와 핀조명이 따뜻한 분위기를 연출했고
곳곳에 거울을 배치해 공간이 넓어 보였다.
초록색과 남색 타일로 꾸며진 부엌이 산뜻하다.
다만 키가 작은 나에게는 싱크대가 너무 높았다.
설거지를 하면 팔꿈치로 물이 줄줄 흘러내렸다.

타일 장식 부엌 Tile Kitchen
Olive
Olive
Pear
4A
* 낡은 목조 계단을 올라서 2층으로
화장대, 세면대, 샤워실 Rest & Shower room
Bed room
Stairs

여행지에서의 쇼핑은 언제나 아쉬움이 남는다.

'그것도 사 올걸'이라며 후회하곤 한다.

다시 탈린에 간다면 리넨 키친클로스를 가방 가득 사오고 싶다.

에스토니아에서 제일 유명한 리넨 가게 지지ZiZi에서

식물이나 과일 무늬 키친클로스를 단 6유로에 팔고 있었다.

리넨은 빨수록 직물의 맛이 살아나고 촉감도 좋다.

유기농 핸드크림은 러시아 브랜드지만

발트 삼국에서만 파는 포장 디자인이다.

gelégodis med söt och fruktig smak.
리넨 키친클로스 6€
러시아 브랜드 시베리카의 핸드크림 3.96€
NATURA SIBERICA LOVES LATVJA
Mirrinošs Krēms rokām
Limited Edition
NATURA SIBERICA LOVES LITHUANIA
Atstatomasis Rankų kremas
Limited Edition
야생 허브와 식물이 주원료
설탕 스틱
Rimi
자몽 향이 나는 바디크림
STENDERS
Feel the vitality!
BODY YOGURT
GRAPE FRUIT
BODY YOGURT
Grapefruit
Gurķu miziņas
organic
ZIZI
유기농 비누
캐러멜
och aromer Gelégodis. 180g
Naturliga färgämnen
SÖTA FRUKTER
Mjukt gelégodis med Söt och fruktig smak.
För att varje tusenmilaresa börjar med lite godis.
ICA
180g e
Latvija
유일하게 발견한 마그넷
과일맛 젤리
베이킹컵
120 BAKING CUPS
att varje tusenmilaresa
ar med lite godis.

탈린의 추억과 기념품을 가득 안고
타르투로 떠나는 날.
발트 삼국의 주요 교통 수단은
고속 버스 룩스 익스프레스Lux Express다.
편안한 가죽 의자에 개인용 모니터가 달려 있고
인터넷은 물론 무료 음료가 제공되며 화장실도 있다.
여태껏 타 본 유럽의 버스 중에서 단연 1등이다.

치즈

크림소스를 올린 검은빵

서양배 맛의 술

염소젖 버터

체크 무늬 햄

3개가 묶인 주스

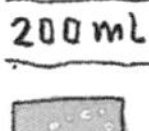
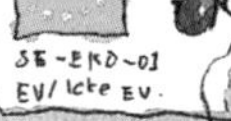

버터

Tartu 타르투, 에스토니아

'타르트' 파이를 연상시키는 이름을 가진
도시 타르투에 도착했다.
이곳에서 가장 기대한 곳은 아하AHHAA 과학관.
우주에서 떠다니는 감각을 체험할 수 있는
360도 플라네타리움이 있다.
15명 정원이므로 도착하자 마자 예매를 해 두었다.
그런데 막상 상영을 시작하니
피곤했던 탓인지 잠이 솔솔 쏟아졌다.
신기한 기계 장치와 거울 미로,
공중을 산책하는 자전거 등을
관람하는 동안 어느새 5시간이 훌쩍 지나갔다.

요거트 스무디
1.99 €
08.17
JOGURTI-
Smuuti
Mustika-banaani
Kaera-chia seemnetega
13%
vilju
Farmi
딸기맛
0.45 €
TERE
KOHUKE
CLASSIC
MUSTIKA
LASUURKOHUKE
테레(tere)는 에스토니아어로
'안녕하세요'
블루베리맛
0.35 €
MAASIKA
LASUURKOHUKE
파인애플이 들어간 당근라페 0.99 €
KÖÖK
Porgandi-
ananassi.salat
200g
리코타디부팔라 1.15 €
MANDARA
Ricotta di Bufala
나무 열매 과자 0.35 €
rums
45g
26.08.17

AHHAA

타르투에서 머무는 시간은 단 하루.

에스토니아에서의 마지막 식사는 무엇이 좋을까?

과학관에서 구시가지로 10분쯤 걸어 나오다 발견한 곳은

크레이프와 갈레트 레스토랑 크레프 Crepp다.

초콜릿 크레이프와 스프, 샐러드를 주문했더니

커다란 그릇에 엄청난 양이 담겨 나왔다.

값싸고 맛있었지만 그릇을 싹싹 비울 수는 없었다.

salatid
PÄRASED
듬뿍 담긴 샐러드
KRIEK
양파 스프
초콜릿 크레이프
프랑스 빵을 곁들였다
CREPP
KOHVIK KOHVIK
Tartu Estonia

Riga 리가, 라트비아

라트비아의 수도 리가는 '발트해의 진주'라고 불린다.
유럽에서 아르누보 양식*의 건축이 가장 번성한 도시로도 유명하다.
건축을 좋아하는 사람이라면 놓칠 수 없는 즐거움이 가득하다.
성 베드로 성당의 탑이 보이는 카페에 앉아
피치트리 피즈 칵테일을 마셨다.

---

* 19세기 말부터 20세기 초에 걸쳐 유행한 예술 운동. 곡선이나 식물 문양을 많이 사용해 장식적이다.

* 탑을 바라보며 여유를 즐기는 시간

MEDUS

아르누보 양식을 자세히 살펴보고 싶어
아르누보 박물관Art Nouveau Museum으로 향했다.
들어서자 마자 굴지의 걸작으로 손꼽히는
나선형 계단이 눈을 사로잡았고
우아한 색 조합에 마음이 차분해졌다.
살짝 열린 빨간 문을 밀고 들어가니
당시의 복장을 차려 입은 직원이 맞이한다.
실내에는 가구와 식기, 장식품 등이
20세기 초반의 모습 그대로 잘 전시되어 있다.
부엌에서 메이드 복장을 하고 있는 할머니에게
허락을 받고 그림을 그렸다.
운이 좋다면 쿠키를 나눠 줄지도 모른다.

박물관처럼

인테리어가 고풍스럽다는

레스토랑 알베르타 13Alberta 13을 찾아갔다.

19세기 초반의 가구나 식기가

파스텔 색조로 통일되어 있고

벽에는 아르누보와 연관된 사진이 걸려 있다.

긴 나무 의자도 세심하게 공들여 장식해 놓았다.

마치 귀족의 저택에 초대받은 듯한 기분이 들었다.

P
ALBERTA 13

라트비아의 정통 가정요리를 먹고 싶어서 찾아간 이스타바 부페테Istaba Bufete.

테이블이 여섯 개밖에 없는 작은 레스토랑이다.

망설이며 들어서니 남자 직원이 활짝 미소를 짓는다.

"처음 오셨어요? 오케이!"

메뉴판이 따로 없어 영어로 친절하게 설명해 주었는데

메인 요리를 돼지고기와 생선 중에 고르라는 것밖에 알아듣지 못했다.

하지만 걱정과 달리 제대로 된 요리 한 상이 눈앞에 펼쳐졌다.

주문한 생선 요리와 함께 샐러드, 채소 구이, 직접 만든 빵, 후무스 등등.

바질 소스를 듬뿍 뿌린 샐러드는 그야말로 최고였다.

Riga
Latvia

이번 여행은 대부분 도시를 순례하는 여정이었다.
일정도 길지 않고 4개국을 다녀야 하는 데다가
발트 삼국의 도시는 유럽 다른 곳에 비하면 소도시에 가깝기 때문이다.
하지만 아무래도 시골 마을 한 군데는 가 보고 싶었다.
그래서 선택한 곳이 라트비아의 쿨디가Kuldiga.
버스로 3시간 반이 걸리는데 국도를 타는 덕분에
쾌적한 버스에 앉아 창 밖으로 시골 풍경을 마음껏 즐길 수 있었다.

*핸드크림을 산 가게

Kuldiga 쿨디가, 라트비아

*오리와 노니는 오후

13세기에 한자 동맹* 도시가 된 쿨디가는
도로와 철도가 발달하지 못해서
19세기까지 지어진 목조 건축물이
현재까지 잘 보존되어 있다.
오래된 건물과 어우러지는 자연 풍경,
인적이 드문 조용한 마을에
한눈에 반해 버렸다.
이렇게 아름다운 마을에 관광객이 붐비지 않길 바라는 한편
쿨디가의 매력이 널리 알려지면 좋겠다는
이중적인 마음이 교차한다.

---

* 중세 후기에 독일 북부 연안과 발트해 연안의 도시들이 상업상 목적으로 결성한 도시 동맹.

kuldiga
Latvia

*10세기부터 이어진 오래된 마을을 카페에서 바라보다

돌이 촘촘히 깔린 광장을 따라 늘어선
빨간 기와 지붕 건물과 그 위의
파란 하늘이 멋진 조화를 이루었다.
점심 식사를 하러 광장 바로 앞에 있는
골딩겐 룸Goldingen Room을 찾았다.
가마에서 갓 구워 낸 피자를 먹으며
몸을 폭 감싸는 소파에서 잠시 휴식을 취했다.
조용히 식사를 하는 노부부가 눈길을 끌었다.
그림을 그리는 내 곁을 지나며
직원들은 친절히 미소 지었다.
여유로우며 따뜻한 시간이 흐른다.

Kuldiga Latvia
쿨디가, 라트비아

다음 날 아침 다시 광장을 찾았다.

골딩겐 룸 옆에 있는 빵집 비스트로bistro가 목적지다.

10세기까지 거슬러 올라가는 긴 역사를 자랑하는 광장을 바라보며

크루아상과 카푸치노를 먹는 기분이 남달랐다.

카운터 위에 빵들이 유난히 먹음직스러워

점원의 허락을 받고 정성껏 그림에 담았다.

Maize
Šampāniešа
marakujas kūciņa
Cepums
"SUPERIORE"
Rabarbaru
kēksiņi
Pesto Mozarella
Prosciutto bagete
macarons
Citronu keksiņš
Šķiņķa Kruasāns
Šarlotes Cepums
Ābolu maizītes
Kuldiga
Latvia

마을의 상징 성 카트리나 교회는
1655년에 건설된 건물이다.
1939년 이후 차례차례 발생한
화재와 전쟁으로 훼손되었다가
1981년 독립한 이후 원래의 모습으로
복원되었다고 한다.
경사가 심한 목조 계단을 따라 탑에 오르니
도시 풍경이 한눈에 들어왔다.
황새 둥지가 자리한 지붕 너머로
쿨디가를 둘러싼 숲과 들판이 끝없이 이어졌다.

쿨디가에서 추천하고 싶은 곳은 향토박물관Kuldiga District Museum 이다.
1900년 벤타강이 내려다보이는 언덕에 지어진 이 건물은
원래 파리 만국박람회의 러시아 파빌리온*으로 건설했지만
부유한 상인이 약혼자에게 선물하기 위해 쿨디가로 옮겨왔다고 한다.
사랑하는 연인을 위해 건물까지 옮기다니!
흥미로운 러브 스토리를 듣고 나니
전시된 가구나 식기, 자수와 커튼 등이 더 의미 있게 다가온다.
그 아름다운 약혼자가 사용했던 것일까?

---

* 박람회 등의 전시관이나 국가나 지역에서 독자적으로 사용하는 일시적인 특설 가건물 등을 말한다.

PUTEKĻU
DRĀNA
Kuldiga Latvia

*아파트의 침실에서

오렌지 빛 햇살에 눈을 뜬 아침.

나무 바닥에 맨발을 딛자

삐걱삐걱 소리가 난다.

창을 열어 신선한 공기를 들이고

재즈를 들으며 부엌에서 아침 식사를 준비한다.

슬슬 아들을 깨울 시간.

창밖으로 탑이 보이는 멋진 아파트에서

현지인처럼 하루를 시작한다.

*아파트의 창문에서

MŪSU TĒVS
DEBESIS!
2 0 1 7.
Kuldiga
Latvia

쿨디가에서 묵은 아파트의 구조는 L자형으로
문을 열고 들어서자마자 부엌이 있다.
화려한 타일로 장식된 화장실과 샤워실을 지나면
안쪽으로 거실과 원형 침실이 위치한다.
꽤 호화롭지만 가격은 단 50유로였다.

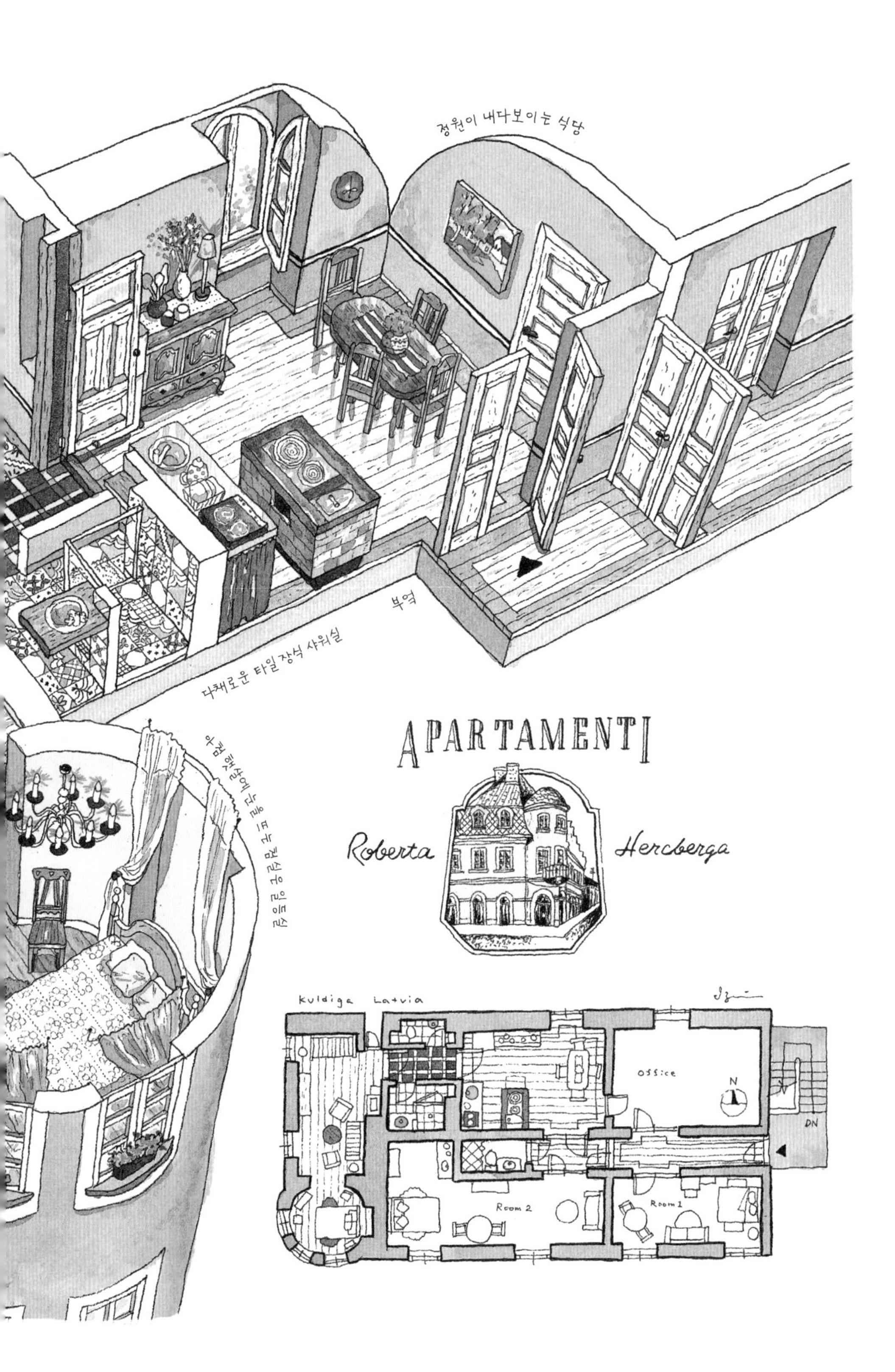

정원이 내다보이는 식당
부엌
다채로운 타일 장식 샤워실
아침 햇살에 눈을 뜨는 침실 공간
APARTAMENTI
Roberta
Hercberga
kuldiga Latvia
office
N
DN
Room 2
Room 1

이제 라트비아와 작별할 시간이다.

쿨디가에서 맛본 과자들을 그리며

7시간 반의 버스 여행을 시작했다.

쿨디가에서 리가로 되돌아간 후

마지막 여행지 리투아니아로 향하는 긴 여정.

구형 버스라 진동과 소음, 냄새가 심했다.

비스킷
very berry
DZĒRVENES PŪDERCUKURĀ
하얀 과자
2.9 €
I love
쿨디가
Kuldiga
Latvia
RŪJIENA
SAPŅU SALDĒJUMS
UPEŅU
1912
110ml/70g
치즈케이크가 들어간 아이스크림
Ciba
Mājas siers
ar saldo krējumu
07/09
180g
요거트일까?
0.83 €
컵케이크
크래커
GRIKIŲ TRAPUČIAI
Buckwheat crackers
Griķu galetes
80g
Maratti
ITALIAN STYLE
Bruschette
BITES
MUSHROOMS & CREAM
ITALFOOD
버섯 브루스케타 0.54 €
Selga
wafers
Crème Brûlée
THINS · PLĀNAS
크림 브륄레 맛 웨하스
0.58 €

Vilnius 빌뉴스, 리투아니아

리투아니아 빌뉴스에는

밤 9시 30분에 도착했다.

역에서 호텔까지 꽤 떨어져 있어

택시를 타기로 했다.

"탈 건가요?"

어디선가 택시들이 속속 몰려들었다.

바가지를 쓰지는 않을까 염려되어

미리 가격 흥정을 했다.

10유로로 합의한 후

구불구불 좁은 길을 15분 달려서

드디어 호텔에 도착했다.

Morkų pyragaitis
Batisto sapnas
Avietinė bomba
Migdoliniai batonėliai su šokoladu
...ytas žiedas
Su riešutais
Dubingiai
Šokoladinė bulvytė
Ravioli
Su gervuogėmis
Stikliai
빌뉴스 리투아니아
Vilnius Lithuania

빌뉴스의 구시가는 유럽에서도 꽤 큰 편이다.

미로처럼 이어지는 골목길을 걷다 보면

파란만장했던 역사와 달리

단정하게 정비된 거리가 이어진다.

리투아니아는 16세기에 폴란드와 합병해 크게 발전했으며

18세기 말 러시아 영토로 편입되었다.

이후 나치스 독일과 소련의 지배를 받다

1990년에 독립해 자유를 손에 넣었다.

가혹한 시절을 견뎌 낸 도시는 당당하면서도 아름다웠다.

MINTYS
IR
ENE TALLER
PLAUSTAS
ANOSOVAS
DANU NOVELES
Vilnius
Lithuania

*간판 고양이

AKUKU
SHOP & STUDIO

어떤 마을을 알고 싶다면

제일 높은 곳에 올라가 보는 것이 좋다.

빌뉴스에서 가장 높은 장소는 성 요한 교회 옆의 종탑(63미터)이다.

경사가 가파른 목조 계단을 오르니

붉은 기와 지붕을 이고 있는 마을이 한눈에 들어온다.

높은 언덕에 있는 게디미나스 성탑Gediminas Castle Tower에도 가 보았다.

바람이 시원한 전망대에 앉으니 때마침 열기구가 날아올랐다.

작은 서점의 천장에 매달려 있었다
JULLAudeco
비누와 서울, 나무껍질을 사용해 손수 만든 모빌
메이드 인 리투아니아 Lithuania
JULLAudeco
Hand made in Lithuania
향이 좋은 비누
JULLAudeco
Hand made in Lithuania
designed by MUNIO
Latvia · 라트비아
발트 삼국 토산품

VIEŠBUTIS NARUTIS HOTEL
SIGNATA

빌뉴스에는 우주피스Užupis 공화국이라는
독특한 동네가 있다.
'강 건너편'이라는 뜻의 우주피스는
동쪽으로 흐르는 뷔리냐강 건너에 위치한다.
다리가 놓이기 전에는 낙후된 곳이었기 때문에
옛 시절의 분위기가 꽤 남아 있다.
예술가와 장인들이 모여 살기 시작하면서
파리의 몽마르트르 언덕과 비슷한 것으로 유명해졌다.
한바퀴 도는 데 15분 정도 걸려서
한가롭게 산책하기 좋다.

Prie ANGELO
Restaranas
*우주피스 지구에 있는 레스토랑
우주피스
리투아니아
Vilnius
Lithuania

여행지에서만 맛볼 수 있는 음식은

잊을 수 없는 추억이 된다.

리투아니아의 전통 음식은 무엇일까?

'체펠리나이'는 감자로 만든 쫀득쫀득한 반죽 속에

다진 고기나 치즈를 넣은 요리다.

그리고 검은 빵에 버섯을 가득 넣은 스프를 곁들였다.

호밀빵은 산미가 있어서 호불호가 갈릴지 모르겠다.

*발트 삼국의 전통 요리
검은 빵을 식기로 사용한 버섯 스프
감자를 동그랗게 반죽한 체펠리나이
ALINĖ
LEIČIAI
Vilnius Lithuania

리투아니아의 또 다른 전통 음식은
양고기를 넣어 만든 미트 파이 '키비나이'다.
만두와 비슷한 소박하고 부드러운 맛인데
요즘은 양고기는 물론 돼지고기, 버섯, 채소 등
다양한 재료를 넣어 소를 만든다고 한다.
가게마다 맛과 모양이 달라서 찾아다니며 먹는 재미가 있다.
마을에서 가장 맛있는 아이스크림을 파는 디오네Dione에서
다양한 종류의 키비나이도 먹을 수 있다.

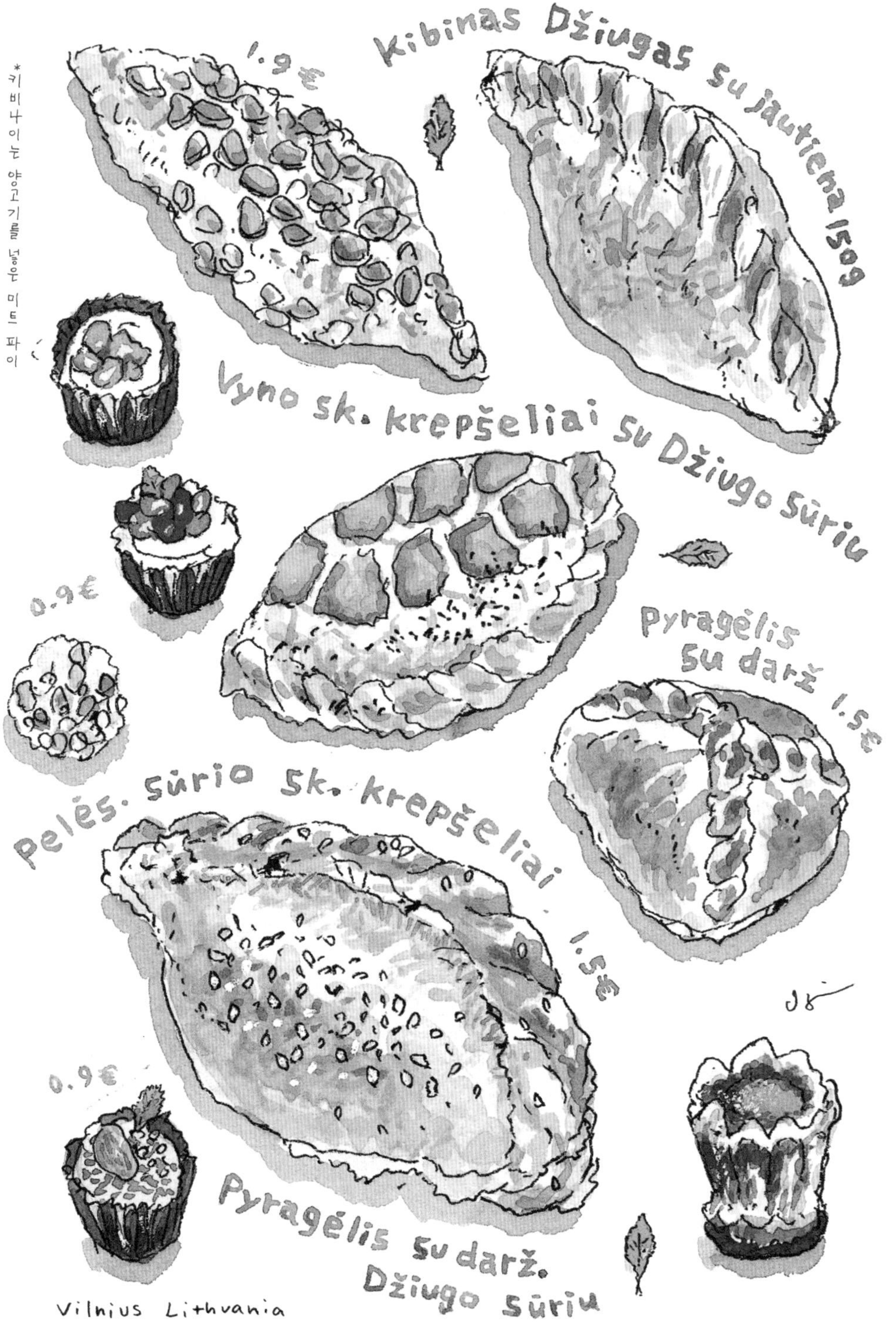

*키비나이는 양고기를 넣은 미트 파이

1.9€

Kibinas Džiugas su jautiena 150g

Vyno sk. krepšeliai su Džiugo sūriu

0.9€

Pyragėlis su darž 1.5€

Pelės. sūrio sk. krepšeliai

1.5€

0.9€

Pyragėlis su darž. Džiugo sūriu

Vilnius Lithuania

빌뉴스에서 제일 작은 카페 케페예이Kepajai는
테이블 하나가 겨우 놓이는 작은 곳이다.
벽돌로 장식한 벽이 개성적인 가게에서는
색소와 향신료를 넣지 않고
자연 소재만으로 케이크를 굽는다.
바삭한 반죽에 오렌지 크림을 넣은 파이와
초콜릿 컵 케이크가 무척 맛있었다.

*빌뉴스에서 제일 작은 카페의 빨간 벽돌 벽

빌뉴스의 첫 번째 숙소는
부티크 호텔 아피아Hotel Apia.
두 개의 다락방이 연결된 형태로
벽지와 침대가 조화로운 침실이 마음에 들었다.
아침식사는 근처의 다른 호텔에서 먹어야 했는데
맛있고 정갈한 음식에
모든 불만이 스르르 사라져 버렸다.

Vilnius Lithuania
거실
침실
욕실
그림 접시
Apia
boutique hotel

빌뉴스의 두 번째 숙소는 17세기에 지어진 궁전을 개조한

셰익스피어 부티크 호텔Shakespeare Boutique Hotel.

방의 크기도 모양도 모두 다르게 꾸며져 있다.

문학 애호가인 주인이

객실마다 문학 작품의 이름으로 붙이고

그에 맞춰 인테리어를 꾸몄다고 한다.

우리가 묵은 방은 '로미오와 줄리엣'.

곳곳에 로미오와 줄리엣과 관련된 장식품이 있다.

소설 속 주인공이 되어 잠이 든 밤이 지나면

정원을 향해 난 창밖으로 새소리가 아침을 깨운다.

방과 비슷한 넓이
*창문으로 오래된 건물과 정원이 보인다
자쿠지 욕조에서 느긋하게
Rest & Bath room
Romeo & Juliet
Bed room
곳곳에 촛불을 켜 놓았다
Lounge
타일 장식의 라운지
Vilnius Lituania
Shakespeare BOUTIQUE HOTEL

Shakespeare
BAR

* 셰익스피어 호텔의 오더메이드 조식

셰익스피어 부티크 호텔의 장점은
무엇보다 오더메이드 조식이다.
전통 요리인 감자 팬케이크를 주문하니
포치드 에그(수란) 위에 연어 알까지 올려 준다.
세 가지 색을 띤 카페라테와
과일 샐러드를 곁들였다.
"더 필요한 건 없으세요?"
친절한 질문에 오믈렛마저 주문해 버렸다.
"너무 클 텐데요? 하프 사이즈로 하실래요?"
채소가 들어간 오믈렛으로
배부른 아침 식사를 마무리했다.

서양배와 자두 디저트
아름다운 홍차
포치드 에그에 연어알을 올린
감자 팬케이크
Vilnius Lithuania

이제 여행은 막바지에 접어들었다.
빌뉴스를 끝으로 발트 삼국을 떠나
헬싱키행 페리에 올랐다.
빌뉴스에서 탈린까지
야간 버스를 타고 오며
지칠 대로 지쳐서
미리 예약해 둔 배를 취소하고
가장 빨리 헬싱키로 갈 수 있는 페리를 탔다.
"발트 삼국이여, 잘 있거라" 같은
낭만적인 인사를 나눌 새도 없이
배는 헬싱키를 향해 출항했다.

빌뉴스 분위기의
선물 발견
PERGALE
VILNIUS
ORIGINAL
VILNIUS
PERGALE
1952
기 마시멜로 같은 초콜릿
비둘기 피리
dadu
LEDAI
NENUGRIEBTO PIENO
RINK TINĖS
MĖLTNĖS
IŠ LIETUVOS MIŠKU
은박에 싸인 초콜릿
우유 맛 아이스크림
PASAKA
Belgišku
Šokoladu
Vilinius
Lithuania

Helsinki 헬싱키, 핀란드

알토 하우스The Aalto House는

핀란드에서 가장 사랑받는 건축가 알바르 알토Alvar Aalto가

1936년 아내 아이노와 함께 설계한 저택이다.

헬싱키 외곽에 있어서 트램으로 20분이 걸렸다.

스무 명이 함께하는 가이드 투어로만

관람할 수 있으므로 반드시 예약해야 한다.

겨울이 긴 핀란드에서 햇빛을 최대한 받아들이도록

천장까지 이어진 큰 창문이 가장 먼저 눈에 들어왔다.

“형상은 내용을 가져야 하고, 내용은 자연과 이어져야 한다”라는

알토의 건축 이념에 딱 맞는 곳이다.

가구나 조명도 알토가 직접 디자인했으며

벽에는 취미로 그린 그림이 곳곳에 걸려 있다.

2 floor
1 floor
Alvar Aalto's house
in Helsinki
Finland

북유럽에서의 최후의 만찬은 해마 간판이 인상적인
레스토랑 시호스Sea Horse에서 하기로 했다.
'핀란드라 하면 신선한 생선'이라고 할 만큼 해산물이 맛있다.
연어와 청어 소테를 주문했고
갓 구운 빵과 샐러드, 음료는 마음껏 가져다 먹을 수 있다.
물가가 높은 헬싱키에서는 파격적인 가격(10유로 정도)이었다.
그래서인지 관광객은 거의 없고 현지인이 훨씬 많았다.

VEILING
발트해 청어 소테
갓 구운 빵
Helsinki
Finland
헬싱키 핀란드

세상에서 제일 맛없는 사탕이라 불리는 살미아키Salmiakki.

살미아키는 핀란드어로 염화암모늄이라고 한다.

소염이나 기침에 좋다니 목캔디와 비슷한 것 같다.

하지만 코를 찌르는 암모니아 냄새에 도통 적응이 되지 않는다.

선물로 사야 할까, 말아야 할까?

망설이다 결국 몇 봉지를 집어 들었다.

강렬한 맛만큼 여행의 기억이 오래 남아 있길 바라며.

프리카와 레몬 가루?

몸에 안 좋을 것 같은 사탕 포장지는 커엽다

토피라는 말랑한 캔디

속은 새까맣다

아직 먹지 않았다

Paljonko maksaa??

세상에서 제일 맛없는 사탕

리코리스라는 약초에

염화암모늄을 섞은 것

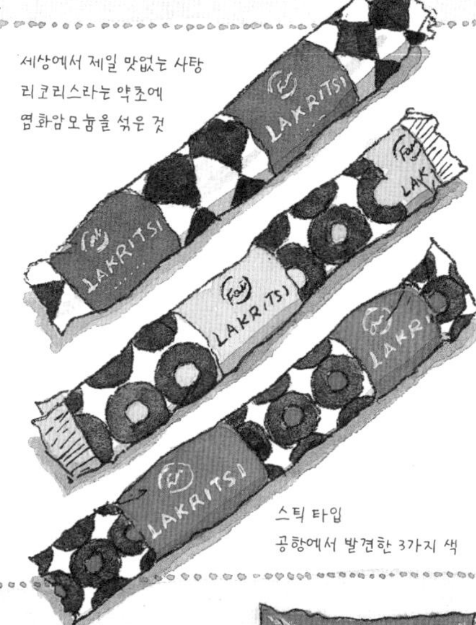

스틱 타입

공항에서 발견한 3가지 색

Terve!

MOOMIN

핀란드라 하면 역시 무민!

Helsinki
Finland

슬로베니아 & 크로아티아

Slovenia & Croatia

류블랴나 *Ljubljana*

슈코치안 동굴 *Škocjanske jame*

피란 *Piran*

포레치 *Poreč*

그라치슈체 *Gračišće*

주민 *Žminj*

이드리야 *Idrija*

"꼭 다시 가고 싶은 여행지는 어디인가요?"

누군가 묻는다면 서슴없이 크로아티아를 꼽을 것이다.

그래서 아들이 성인이 되기 전에 함께 가는 마지막 여행은

슬로베니아를 시작으로 크로아티아 이스트라반도를

돌아보는 여정으로 정했다.

6년 전 우리를 가족처럼 반겨 준 농가 호텔

카사 디 마티키의 소냐 아주머니는 잘 있을까?

두근거리는 가슴을 안고 산과 호수, 바다로 둘러싸인

풍요로운 자연의 나라로 향했다.

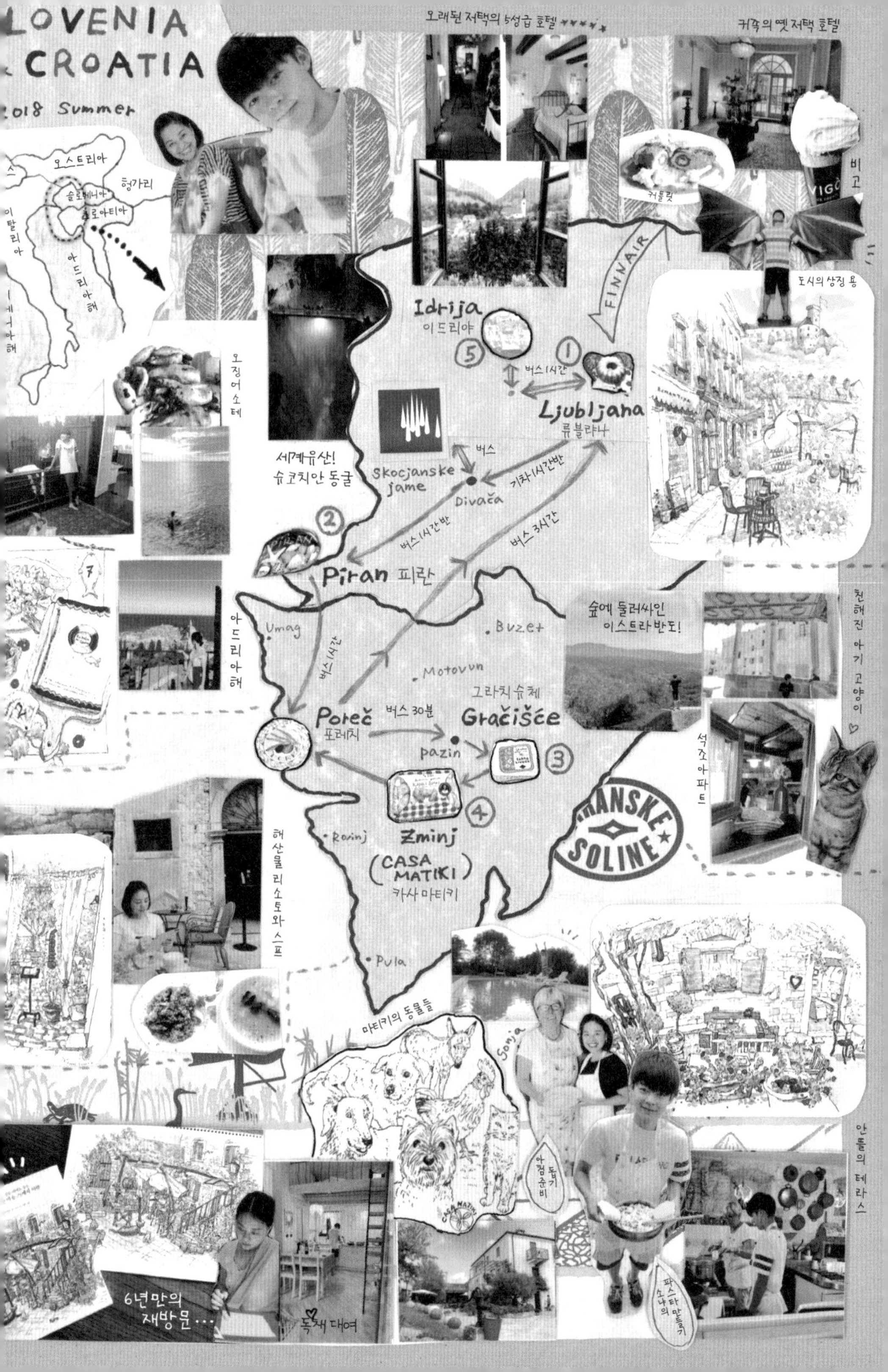

LOVENIA
CROATIA
2018 Summer
오스트리아
헝가리
슬로베니아
크로아티아
이탈리아
아드리아해
오래된 저택의 5성급 호텔
귀족의 옛 저택 호텔
커틀릿
비고
FINNAIR
도시의 상징 용
Idrija
이드리야
버스 1시간
Ljubljana
류블랴나
오징어 소테
세계유산!
슈코치안 동굴
Skocjanske jame
버스
Divača
기차 1시간반
버스 1시간반
버스 3시간
Piran 피란
아드리아해
Umag
버스 1시간
Buzet
Motovun
숲에 둘러싸인 이스트라반도!
천해진 아기 고양이
그라치슈체
Poreč
포레치
버스 30분
Gračišće
pazin
석조 아파트
Zminj
(CASA MATIKI)
카사 마티키
Rovinj
SOLINE
해산물 리소토와 스프
Pula
마티키의 동물들
Sonja
아침 준비 돕기
안뜰의 테라스
파스타 만들기 소냐의
6년만의 재방문…
독채 대여

Ljubljana 류블랴나, 슬로베니아

슬로베니아의 수도 류블랴나에 도착한 것은 저녁 6시 20분.
아주 작은 공항이라 순식간에 입국 수속을 마치고
7시에 출발하는 버스를 타러 갔다.
시작부터 느릿한 '슬로베니아 타임'의 마법에 걸린 탓일까?
여행 내내 늘어지는 버스 시간 때문에
롤러코스터처럼 뛰어다니기를 반복해야 했다.
하지만 그것은 나중의 일.
정각에서 30분을 더 기다려 겨우 올라탄 버스는
우리를 환상적인 달빛 속의 중세 도시로 안내했다.

*강가의 카페

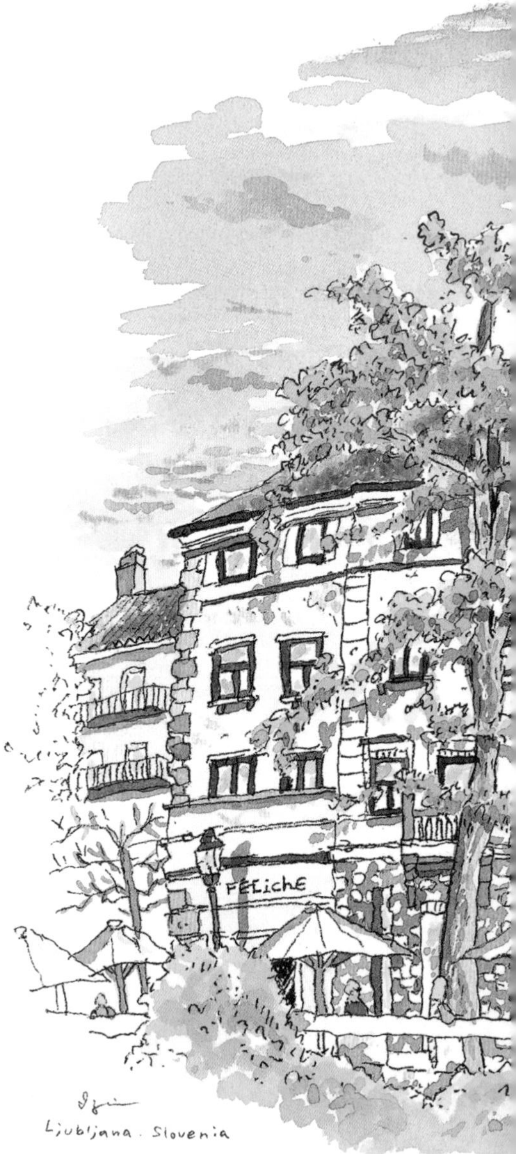
FELICHE
Ljubljana . Slovenia

시차 때문에 새벽 4시에
눈이 떠져 산책에 나섰다.
도시 이름에 '사랑한다'는 의미가
들어 있다는 낭만적인 류블랴나.
물과 새소리만 들리는 강가를 따라
르네상스, 바로크, 아르누보 양식
건축물이 늘어서 있다.
다양한 건축 양식이 한눈에 들어오는 거리에
빠져들 수밖에 없었다.
한적하고 상쾌한 아침 산책을 마칠 무렵
류블랴나 성 뒤편으로 해가 떠올랐다.

*류블랴나의 아침 노을

언덕 위에 12세기에 완성된 류블랴나 성이 있다.

보드니코브 광장에서 케이블카를 탈 수도 있지만

걸어서 올라도 10분이면 성에 닿을 수 있다.

꼭대기에 오르면 줄지어 늘어선 오렌지색 지붕이 내려다 보인다.

성의 내부는 박물관도 겸하고 있어 깨끗하게 정비된 만큼

오래된 분위기는 느껴지지 않아 아쉬웠다.

멀리 성이 보이는 젤라토 가게에서 잠시 숨을 돌렸다.

GELATERIA ROMANTIKA
SLADOLED

* 성 니콜라스 대성당이 보인다

류블랴나의 아름다움을
더한 인물은 슬로베니아 건축가
요제 플레치니크Jože Plečnik다.
류블랴나의 구시가와 신시가를
세 갈래로 잇는 트로모스토브예 다리,
국립대학도서관, 류블랴니차 강둑,
중앙 시장 아케이드 등
20세기 초반부터 그가 설계하거나
보수한 건축물이 도심 곳곳에 남아 있다.
류블랴니차 강둑의 아치형 장식을 그리는데
뒤로 녹색 돔과 두 개의 탑이 인상적인
성 니콜라스 대성당이 보인다.
대성당 옆 광장에는 매일 채소와 과일, 꽃 등을
파는 시장이 열린다.

cacao

이탈리아, 오스트리아, 헝가리,

크로아티아에 둘러싸인 슬로베니아는

해산물부터 산나물까지 풍성한 재료를

자랑하는 미식의 나라다.

돼지 안심에 햄과 치즈를 끼워 넣어

튀긴 커틀릿이 유명하지만

로바Robba 레스토랑의 커틀릿은

닭고기를 사용했다.

감자 타르타르와 겨자 소스를

곁들였는데 겉은 바삭바삭 하고

안에는 치즈가 들어 있어 풍미를 더했다.

* 명물 치킨 커틀릿을 주문

동유럽에서 전통적으로 즐겨 먹는 굴라쉬.
쇠고기와 파프리카 등을
푹 끓여서 만든 스튜다.
무엇보다도, 슬로베니아어로
'층층이 쌓은 것'이라는 뜻의
전통 디저트 기바니차Gibanica를
꼭 먹어 보길 바란다.
파이 반죽과 양귀비 씨, 호두, 코티지 치즈,
구운 사과 등을 겹겹이 쌓아 올린 기바니차는
너무 달지 않은 절묘한 조화가 일품이다.
채소나 고기가 들어간 것도 있어서
가게마다 색다른 맛을 경험할 수 있다.

전통요리 굴라쉬
Ljubljana
Slovenia
기바니차

GRAM
PHO
Ljubljana
Slovenia

* 레스토랑 줄리아

MOËT & CHANDON

* 타운스퀘어 거리의 카페

타운스퀘어 거리는

역사적인 건물은 물론

상점과 카페가 즐비해 언제나 활기가 넘친다.

모스그린 색 식탁보가 마음에 든 카페는

여러 종류의 차를 맛볼 수 있는 티하우스였지만

꿋꿋하게 카푸치노를 주문했다.

SLOVENSKI
SLIKA

pšenični beli kruh 1.60€
포카치아
Focaccia
시나몬롤
크루아상
Croissant
Ljubljana Slovenia

kifeljček Zrnko
* 슬로베니아의 빵
olada
크림빵
pšenično belo pekovsko pecivo
Cafe Con Panna
Sol

dm

류블랴나의 숙소 앤티크 팰리스 호텔Antiq Palace Hotel & Spa은

건물 자체가 문화재로 등록돼 있으며

16세기 장식품으로 가득하다.

은은한 아로마 향이 나는 입구와

계절에 맞게 수국을 꽂아 둔 로비를 지나

시원하게 탁 트인 녹색 정원에서

한가로이 스케줄을 짜거나 일기를 쓰며 시간을 보냈다.

복도가 복잡해서 길을 잃기도 했는데

이 역시 옛날 건물만의 매력이 아닐까?

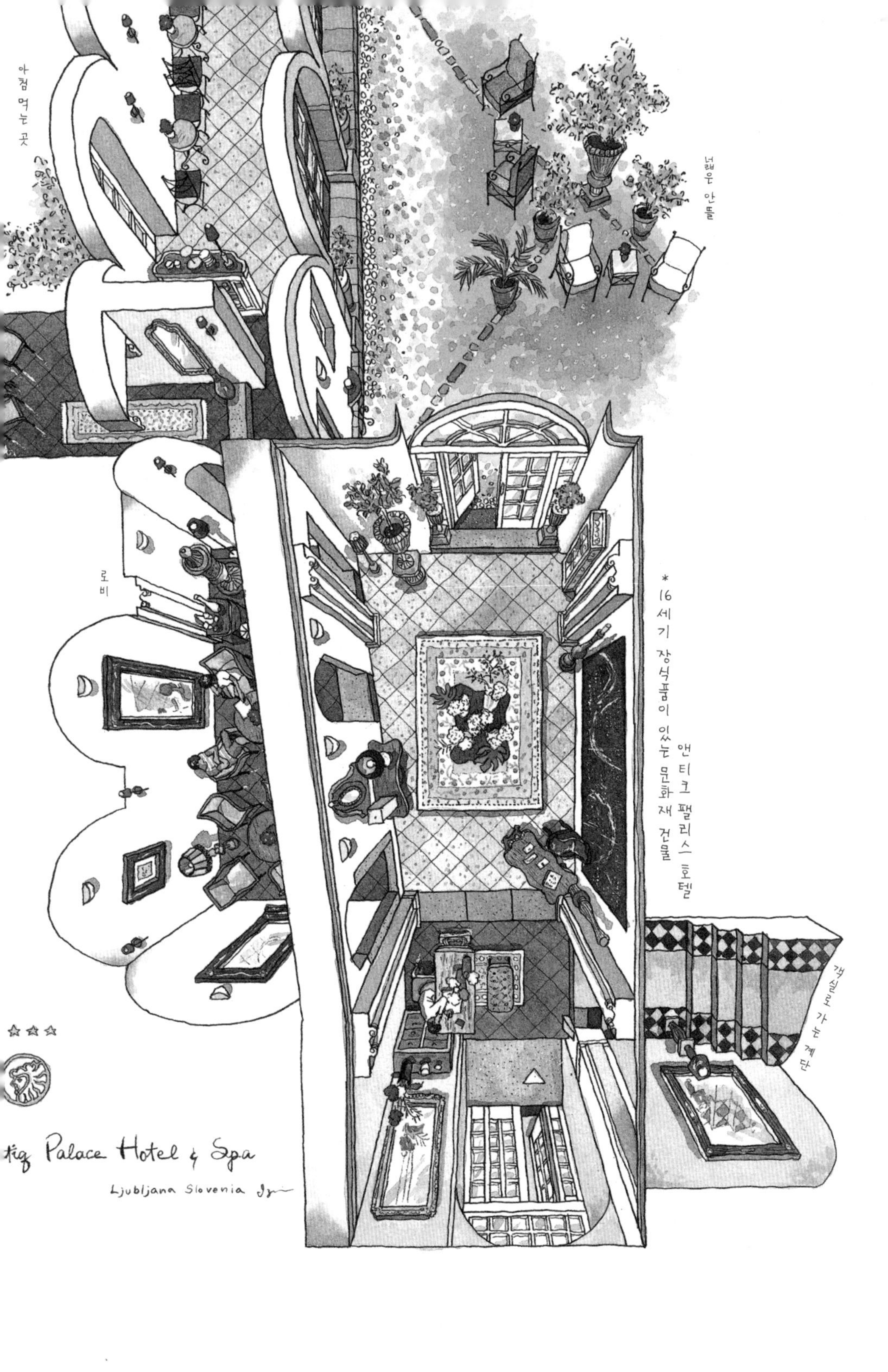
아침 먹는 곳
넓은 안뜰
로비
앤티크 팰리스 호텔
*16세기 장식품이 있는 문화재 건물
객실로 가는 계단
tiq Palace Hotel & Spa
Ljubljana Slovenia

큰 짐은 류블랴나의 호텔에 맡기고
간단한 배낭을 챙겨 시골 마을 여행을 시작했다.
슬로베니아의 항구 마을과 크로아티아를 돌고
열흘 후에 돌아올 예정이다.
대자연을 만끽할 수 있는 종유석 동굴로 가기 위해
슬로베니아에 와서 처음으로 기차를 탔다.
한 시간 정도의 짧은 여정이지만
기차는 언제나 마음을 들뜨게 했다.

* 앤티크 팰리스 호텔의 정원

Škocjanske jame 슈코치안 동굴, 슬로베니아

슬로베니아에는 유명한 동굴 두 곳이 있다.
포스토이나 동굴이 제일 유명하고
교통이 편리함에도 상대적으로 덜 알려진
슈코치안 동굴을 선택했다.
유네스코 세계문화유산으로 등록된
슈코치안 동굴은 길이 6킬로미터의
장대한 지하 공간을 자랑한다.
2백만 년 전부터 형성된 동굴을 걸으며
경이로운 자연에 감탄하지 않을 수 없었다.
천천히 둘러보면 3시간 정도 걸린다.

0.84€
타트 사이다
JABOLČNI
TAT
CIDER
JABOLKO
1.09€
스무디
FRUCTAL
SMOOTHIE
DNEVNI SADNI OBROK
2/5
3/4
2/5
3
+
250ml
250ml
2018 10.20
Think Fresh
FRESH PRESSED
CHILLED
100% Juice
from pressed
Pineapple
RIO
FRESH
concentrate
1 pineapple
파인애플 주스
1.12€
0.2€
FALA
Sveži kvas
42g
치즈
lahka
Livada
Ljubljana slovenia

도시를 벗어나자 '슬로베니아 타임'이 더 심해졌다.

버스가 제 시간에 오는 법이 없다.

항구 도시 피란으로 가는 버스가 한 시간이 지나도 오지 않았다.

날씨는 점점 험악해져 천둥이 치고 거세게 비가 내렸다.

역 안에서 비를 피하며 혹시 버스가 올까 창밖만 바라보았다.

같이 버스를 기다리던 연인이 기차를 타고 가겠다며 나서는데

때마침 버스가 들어왔다.

결국 예정보다 세 시간 늦게 피란에 도착했다.

Riba
물고기 오브제
Koliko je to?
밀가루
Zelite, prosim?
POMURSKA
AJDOVA KAŠA
inopek
Žito
MOKA
za krofe
쿠키 믹스
1 kg
예그 스탠드
컵과 접시
Piscanec
페스토, 햄처럼 생겼다
PRELUKNJAJ
PIŠČANČJA PAŠTETA
Kava
Maslo
버터
250g
Rama
Rama
ZVIJEZDA
DELIKATESNA MARGARINA
extra
ZVIJEZDA
MARGARINA extra
마트에서 사온 것
Slovenia

Piran 피란, 슬로베니아

'아드리아해의 숨은 보석'이라 불리는
피란은 슬로베니아에서 가장 서쪽에 위치해 있다.
인구 4천 8백 명밖에 되지 않는 이 항구 도시야말로
시골 여행의 첫 목적지로 딱 맞지 않을까?
13세기부터 18세기까지 베네치아 공화국의 지배를 받은
피란의 거리에는 이탈리아 분위기가 많이 남아 있다.

piran
Slovenia

PIRANSKE SOLINE

피란의 특산품은 소금이다.

아드리아해의 맑은 바닷물과 태양, 바람 덕분에

새하얗고 순도가 높은 소금이 탄생한다고 한다.

무엇보다 천년 동안 대대로 이어져 온 전통 방식을 고집한다.

광장 근처의 상점 피란스케 솔리네Piranske Soline에서

소금이나 소금으로 만든 가공품을 구입할 수 있다.

해변에서는 조개 껍질로 만든 마그넷을 팔고 있다.

모두 수제품으로 모양도 색도 독특하다.

MATIK
Žajbelj
피란스케 솔리네의 소금
PIRANSKE SOL
PIRANSKE SOLINE
소금 비누
lepa vida
BONBONI
ŽAJBELJ
BREZ SLADKORJA
허브 캔디 무가당
병에 든 소금
solnce
SOLNI CVET
트로피컬
CANDLES
Tropical
퍼퓸
O.W.N. CANDLES
Perfume
yummy
VEGAN VOTIVE CANDLE
O.W.N. CANDLES
Lavender
라벤더
밀크 초콜릿
허브 비누
Mlečna čokolda
Slovenia

solnce
SOLNI CVET
solnce
SOLNI CVET
solnce
SOLNI CVET
solnce
SOLNI CVET
solnce
solnce
solnce
solnce

PIRAN
PIRAN
PIRAN
PIRAN
PIRAN

피란 중심부의 타르티니 광장은
피란 출신의 바로크 음악
작곡가이자 바이올리니스트인
주세페 타르티니Giuseppe Tartini를 기리는 곳이다.
유명한 아이스크림 가게 즈베즈다Zvezda에서
잠시 숨을 돌리며 광장을 구경했다.
건너편으로 성 조지 성당의 종탑이
푸른 하늘을 배경으로 높이 솟아 있다.

* 타르티니 광장에서 성 조지 성당을 바라보며

피란은 항구 도시답게 오징어로 만든 요리가 많다.

가장 인기 있는 메뉴 오징어 튀김을 주문했다.

나무 도마처럼 생긴 메뉴판에 표시를 하면

조개 껍데기로 만든 번호표를 준다.

음식이 완성되면 카운터에

그 번호가 적힌 물고기 모양 플레이트가 걸린다.

은근히 체계적이다.

금방 튀겨낸 오징어 튀김이 입에서 살살 녹았다.

감자 튀김
명물 오징어 튀김
7
물고기 모양 번호표
Fritolin pri Cantini
Dkusite domacnost v pirana
빵
메뉴판
Piran

전체를 돌아보는 데 한두 시간이면
충분한 작은 마을이지만
곳곳에 예상치 못한
보석 같은 공간이 숨어 있다.
나지막한 언덕 위에서 발견한
작은 교회와 회랑을
재빨리 스케치하고 해변으로 내려왔다.
이번 여행에서 가장 아쉬웠던 점은 날씨다.
계속 천둥을 동반한 폭풍우가 쳤기 때문에
8월인데도 스웨터를 입어야 할 정도였다.
아드리아해에서 수영을 하고 싶었는데….

* 언덕 위의 회랑

피란에서는 숙소 두 곳을 예약했는데
아파트 이름이 정확하지 않아서 매번 길을 헤맸다.
히샤 7Hiša 7이라는 건물을 찾아가는 중에
거리 여기저기에서 '히샤'라는 단어를 보았다.
그도 그럴 것이 '히샤'는 슬로베니아어로 '집'이라는 뜻이다.
겨우겨우 도착한 아파트는 마음에 쏙 들었다.
그동안 거쳐 온 숙소 가운데 열 손가락 안에 들 정도였다.

부엌과 식당과 소파
IŠA7
partmaji
PIRAN
샤워실 & 화장실
입구
히샤(hiša)는 슬로베니아어로 '집'이란 뜻
slovenia

"웰컴!"

집 주인이 환하게 웃으며

반가운 인사를 건넸다.

민트와 레몬을 넣은 물과

포도도 준비해 줬다.

유럽의 아파트에서

이런 대접은 처음이었다.

창문을 열어 보니 옆방의

고양이가 야옹 인사를 한다.

앤티크 가구와 삐걱거리는 목조 바닥,

꽃과 소박한 장식이 잘 어우러졌다.

* 크루아상이 놓인 식탁

* 침실에서 바라본 부엌

우아한 침대에 샹들리에로 장식된 방은

마치 왕비의 침실 같다.

빳빳하게 다려진 하얀 리넨 시트가

빨간 벽지, 카펫과 대비되어 청량감을 더했다.

어쩐지 마음이 편해져 깊은 잠에 빠졌고

여행의 피로가 한결 풀렸다.

Piran Slovenia

Cosy Little Lo

* 아치형 붉은 벽돌 천장과 타일 장식

두 번째로 머문 아파트는

천장이 붉은 벽돌로 이루어져 있어

동굴 속에 들어온 듯한 느낌을 주었다.

녹색과 흰색 타일이 장식된 부엌은 그림이 된다.

샤워실 바닥의 높이 차이가 없어서

밖으로 물이 흐르는 것만 빼면 쾌적한 곳이었다.

est in Piran

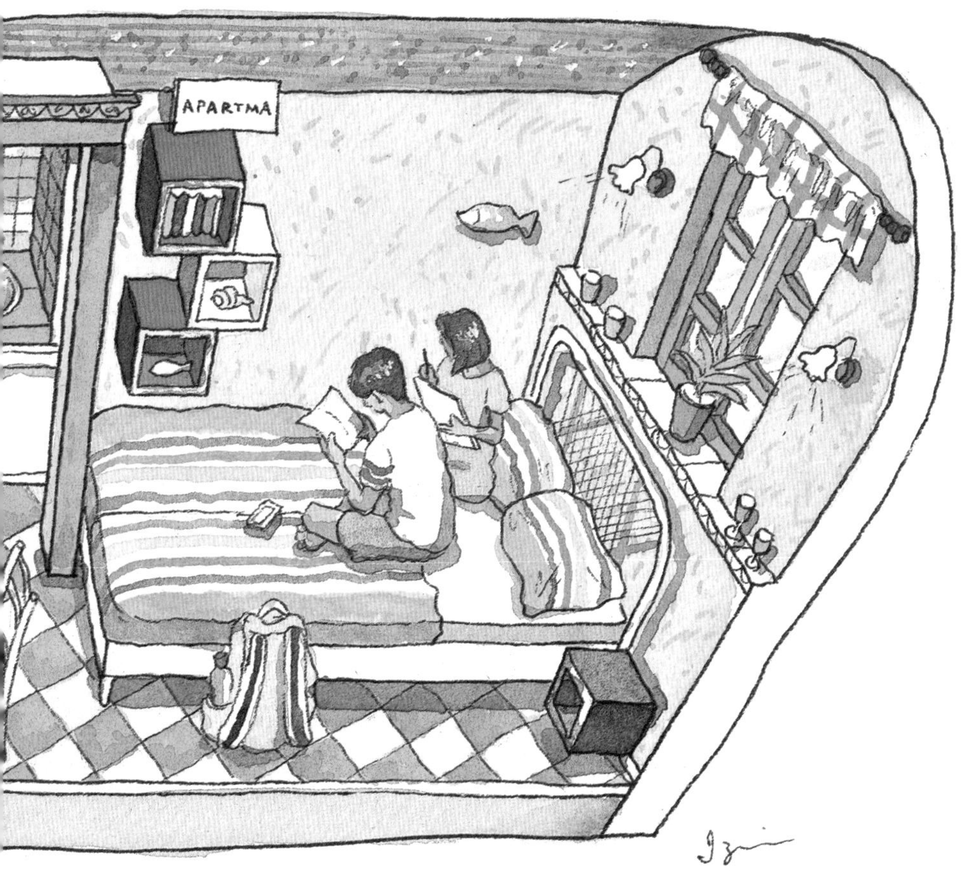

이제 슬로베니아를 떠나

남쪽의 크로아티아로 내려가는 날.

어김없이 버스가 늦었다.

내리쬐는 태양 아래서 한 시간 반을 기다리고

거의 포기할 때쯤에 셔틀 버스가 도착했다.

9인승의 작은 버스였지만

우리를 데리고 나가 준다면 뭐든 좋았다.

한 시간을 달려 출입국 심사를 마치고

크로아티아로 들어섰다.

Ali bi se kaj drugega ?
Mila
TRAJNO MLEKO
3,5% m.m.
SLOVENIJE
우유 패키지
Sol
소금병
Jagode
딸기 주스
SIRARSTVO KRAMAR
DOMAČI
SADNI
JAGODA
말랑말랑한 크루아상
Kruh
Loška MLEKANA
Maskarpone
Sveži kremni sir
마스카르포네
Sadje
Sir
치즈
Topijeni sir
za rezanje
olivami
EDAMEC
블루베리 요거트
skuta
Kaj je to ?
* 마트에서 사온 것
Slovenia

Poreč 포레치, 크로아티아

목적지인 그라치슈체로 가는 길에
버스를 갈아타려고 내린 작은 도시 포레치 Poreč.
세 시간 정도의 시간이 있다.
에우프라시우스 성당Eufrazijeva bazilika이 있는 역사 지구의 골목에서
안뜰이 멋진 레스토랑을 찾았다.
아침부터 오후 4시까지 아무것도 먹지 못했으므로
배가 등에 닿을 지경이었다.
전채 요리, 트러플 카르보나라, 샐러드와 화이트 와인을 양껏 먹었다.

*트러플 파스타 런치 코스

슬로베니아와 크로아티아 와인은

다른 나라에서 거의 유통되지 않는다.

대부분 국내에서 소비해 버리기 때문이다.

그야말로 자급자족이다.

와인을 마신 탓에 붉어진 얼굴로 다시 버스에 올랐다.

이스트라반도의 평화로운 풍경을 30분 정도 달리고 도착한

파진Pazin 역에 호텔 직원이 마중을 나와 있었다.

버스도 없고 택시도 잡기 어려워

비용을 지불하고 부탁을 드렸다.

* 크로아티아 와인의 라벨 디자인

Croatia

Gračišće 그라치슈체, 크로아티아

'이스트라반도에서 가장 아름다운 경치'라 칭송 받는
그라치슈체는 무척 작은 마을이다.
상점과 잡화점, 레스토랑, 우체국이 하나씩 있을 뿐이어서
10분이면 마을 전체를 둘러볼 수 있었다.
낮은 언덕 위의 교회에서는 매일 아침 종이 울리고
시골 마을의 시간은 느긋한 강물처럼 흘렀다.

* 아파트의 공용 정원

그라치슈체의 숙소는 석조 건물 독채를 빌려주는

홀리데이 홈스 폴리 스베테가 안토나Holiday Homes Poli Svetega Antona.

커다란 벽난로를 중심으로 부엌과 식탁이 있고

침실과 샤워실은 2층에 위치한다.

튼튼한 돌벽과 천장을 받치는 대들보가 근사하다.

정원의 포도나무에 포도가 영글어 가는 날

한적한 수영장에서 마음껏 헤엄을 쳤다.

타일 장식 부엌
* 아기 고양이도 놀러 왔어요.
Luxury Istria villas
Vile poli Svetega Antona
Gračišće
Croatia

BOBI!
ORIGINAL

노랗게 타오르는 램프 불빛이

타일 장식 부엌의 벽에 반사되었다.

라디오에서 흘러나오는 이국적인 음악을

흥얼거리며 그 모습을 스케치하는데

어디선가 나타난 고양이가 벗이 되어 준다.

그라치슈체에 하나밖에 없는
레스토랑 마리노MARINO는
숙소에서 걸어서 1분도 걸리지 않는다.
석조 건물과 나무 장식이
중후한 분위기를 자아내는 곳에서
그릴 포크와 샐러드를 주문했다.
오랜만에 제대로 된 식사를 하니
온몸이 따끈해졌다.

* 아파트의 작은 창문에서

작은 잡화점에서 보비Bobi라는
물고기 모양 비스킷을 샀다.
소금으로만 간을 한 단순한 맛이었지만
한번 뜯으면 멈출 수 없었다.
몇 번이나 다시 사 먹을 정도였다.
그리고 기다리던 소냐를 만나러 가는 날,
숙소 주인의 빨간 폭스바겐을 얻어 타고
카사 디 마티키에 도착했다.

체리 치즈케이크 크림빵

와삭와삭 치즈 쿠키

멈출 수 없는 맛

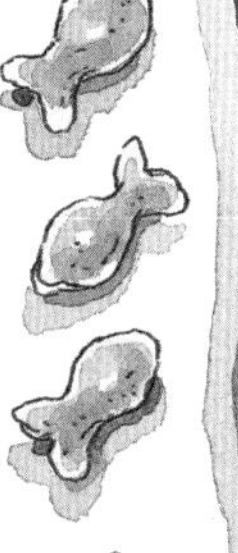

물고기 비스킷은 소금 맛

Dukat
b·Aktiv
SMOOTHIE
Borovnica
Banana

블루베리와 바나나 스무디

Croatia

아마도 버터

Žminj 주민, 크로아티아

*신록이 무성한 카사 디 마티키

"오랜만이에요!"

카사 디 마티키는 19세기에 지어진

오래된 농가를 개조한 숙소다.

주인 아주머니 소냐는

채소와 허브를 직접 키우며

여러 동물 가족과 함께

시골 생활을 즐기고 있다.

6년 전 처음 크로아티아를 방문했을 때

맺은 인연이 지금도 계속되고 있다.

같이 밥을 지어 먹고 밤마다 와인을 마시며

손짓 발짓을 섞어 대화를 나눴다.

이곳을 다시 찾으니 추억이 한꺼번에 몰려들었다.

Zminj
Croatia

ELCOME TO
CASA MATIK
1/9 Thomas and
1/9 Elen and
3/9 Imke and famiIy
4/9 Dañan and fami
6/9 Joanne and
8/9 Pete and famiIy
ap 1
ap 4
ap 8
ap 2
ap 7
ap 5

CASA NATIKI

*카사 디 마티키의 정원 테라스

정원의 탁자에 앉아

살랑대는 바람을 맞으며 그림을 그렸다.

전등 갓 하나까지 세심하게 신경을 썼고

벽에 무심히 걸어 둔 라벤다는 멋스럽다.

9월까지 만실이라고 해서

숙박할 수 없을까 걱정했는데

다행히 4박을 오롯이 머물 수 있었다.

터줏대감처럼 이곳을 지키는
강아지 오바마, 티파니, 파코,
새로 들어온 고양이 재즈,
얼마 전 새끼를 낳은 당나귀 로버,
반가운 동물들과 인사를 나눴다.
점심으로 소냐는 탈리아텔레 파스타를
손수 만들어 주었다.
열일곱 살 아들이 분홍색 꽃무늬 앞치마를 두르고
부지런히 도왔다.

소냐의 부엌
객실로 가는 계단
벽난로
창고로 가는 문
Croatia

안뜰이 보이는 라운지 모습을 그리는데
소냐가 실내가 잘 보이도록
가구나 화분의 위치를
조금씩 바꾸기 시작했다.
결국 처음부터 다시 그려야 했지만
테라코타 벽돌과 꽃과 식물이 잘 어우러져
만족스러운 그림이 완성됐다.
소냐는 내가 그려 보낸 엽서와 달력 등을
라운지 선반 위에 소중히 놓아 두었다.
감사한 마음을 어떻게 표현해야 할까!

*카사 디 마티키의 라운지

*마티키의 아침 뷔페

카사 디 마티키의 아침 식사는
다채로운 뷔페 형식이다.
갓 낳은 신선한 달걀에
로즈마리를 넣은 스크램블 에그,
달콤한 수제 잼을 올린 크레페,
햄과 치즈, 케이크까지
아침 7시부터 준비한다.
하루는 나도 일찍 일어나 잼을 병에 담거나
우유와 주스를 채우고 식기를 놓는 것을 도왔다.
이탈리아, 미국 등 다양한 국적의 손님과
밝게 인사를 나누며 먹는 음식이 유난히 맛있었다.

cake
ham
Yogurt
Cheese
La Casa di Matiki

그동안 카사 디 마티키에는
건물 두 채가 새로 지어져
총 열두 개의 객실이 생겼다.
창문을 열면 작은 정원과 닭장이 보이는
독채 페르골라Pergola에는
복층을 포함해서 안락한 침실이 세 개 있고
작은 부엌도 딸려 있다.

복층, 아래는 부엌
샹들리에
침실 2개

Pergola
CASA MATIKI
꼬꼬댁 꼬꼬
진입로
DN
UP
입구
벤치
정원
Zminj Croatia

주변에 음식점이 없으므로

밥을 직접 해 먹어야 한다.

닭장에서 얻은 달걀을 삶아

샐러드에 곁들이거나

파스타를 넣은 스프 카레를 끓이고

와인을 마시며 포토푀*를 만들었다.

---

* 소고기, 채소, 부케 가르니를 물에 넣고 약한 불에서 장시간 고아 만든 프랑스식 스튜.

Zwinj
Croatia

* 오늘은 방에서 요리하기

두 번째로 묵은 방은

빨간 소파와 벽난로가 있는

'라벤더'라는 이름의 객실.

벽이 라벤더 색으로 칠해져 있다

철제 캐노피가 달린 멋진 침대에서

뒹굴뒹굴 여름을 보내는 행복이란!

어느새 훌쩍 나이를 먹은 강아지 오바마가

자주 놀러 와서 그림에 함께 그려 넣었다.

* 빨간 소파가 있는 아파트에서 보낸 여름

Lavender
CASA MATIKI
침실(캐노피 달림)
빨간 소파가 있는 거실

세면대와 화장실과 샤워실
부엌
벽난로
Croatia

Poreč 포레치, 크로아티아

닷새가 쏜살같이 지나고
슬로베니아로 돌아가기 위해
경유지인 포레치로 돌아왔다.
자박자박 돌이 깔린 골목을 따라 걷다 보니
테라스가 있는 레스토랑이 눈에 들어왔다.
항구 도시니까 해산물을 먹어 보자 싶어서
해산물 리소토를 주문했다.

* 레스토랑의 안뜰
Poreč Croatia

* 정원 테라스

류블랴나로 가기 전에
남은 크로아티아 화폐 쿠나를 모두 쓰려고
카페에 들러 카푸치노 한 잔을 마셨다.
4시간의 버스 여행을 위한 마음의 준비다.
저녁 8시에 버스를 타려고 기다리는데
운전수가 다가와 "류블랴나 가요?"라고 물었다.
그 버스를 놓쳤다면
그날 밤 류블랴나로 돌아갈 수 없었을 것이다.
마음으로 감사를 전한다.

* 정원에서 티타임으로 카푸치노 한 잔

Idrija 이드리야, 슬로베니아

슬로베니아의 시골 마을에서 묵은 적이 없기에
이드리야에서 1박 2일 머물기로 했다.
웬일로 버스가 정각에 출발하고
도로를 달리는 차창 너머로
멀리 들판에 쌍무지개가 보였다.
쌍무지개를 보면 행복해진다는 말이 떠올라
가족의 건강과 행복을 빌었다.
로컬 버스로 환승하고 다시 30분 정도 달리니
구글맵으로 확인해 둔 정류장 주변 경관이 눈에 들어왔다.
피자 가게 다음에 언덕 위의 탑, 여기다.
"여기서 내려요!"

* 안뜰의 테라스

이드리야는 15세기 말부터 500년 동안
수은광산 마을로 번성했다.
스페인의 알마덴Almadén과 함께
수은광산 유적이 유네스코
세계문화유산으로 등재됐다.
거기서 버스로 10분을 더 들어가면
스포드냐 이드리야Spodnja Idrija라는 이름의
깊은 산과 강에 둘러싸인 작은 마을이 나온다.
12세기에 지어진 유서 깊은 교회가 지키는
아름다운 마을이다.

Idrija Slovenia

푸르른 나무가 우거진

작은 언덕 위에 있는

호텔 켄도브 드보레츠Hotel Kendov Dvorec는

영주였던 켄다Kenda 가문의

저택을 개조한 곳이다.

수령 백 년이 넘은 사과나무 밑이나

잘 손질된 정원에 앉아서

아침부터 저녁까지 그림을 그렸다.

친절한 직원이 계속

시원한 물을 가져다 주었다.

* 호텔 로비

호텔 내부와 객실은

개성 넘치는 19세기 앤티크 가구로 꾸며져 있다.

침대 시트와 커튼은 수제품 레이스이며

침대 위에는 손님의 이름을 적은 친필 카드와

초콜릿 박스가 놓여 있었다.

자연스럽고 따뜻한 환대가 역시 5성급 호텔답다.

* 침실

* 켄다 가문의 저택이었다. 숲이 우거진 정원이 있고 전통 요리도 맛볼 수 있다.

HOTEL
*****
Kendov dvorec

* 위에서 내려다본 라운지

아침 식사까지 완벽하다.

달걀은 주문 즉시 요리해 주고

빵과 과일, 치즈, 햄, 디저트는

마음껏 가져다 먹을 수 있다.

슬로베니아산 꿀을 여섯 종류나 구비해 뒀다.

카푸치노 한 잔을 더하면 더는 바랄 것이 없다.

*5성급 호텔의 조식
Idrija
Slovenia

uporabno
najmanj do: 15. 5. 2019
neto
količina 250 g
akacijev MED
Pridelal in polnil:
Akacijev med
Acacia honey

Ljubljana 류블랴나, 슬로베니아

여행의 마지막 숙소는
류블랴나의 콜만 아파트먼트Kollmann Apartments.
검은색과 회색이 어우러진 세련된 조합에
새빨간 침대보가 눈길을 사로잡았다.
독특한 디자인의 가구와 조명을 기록하듯
하나하나 그려 넣었다.

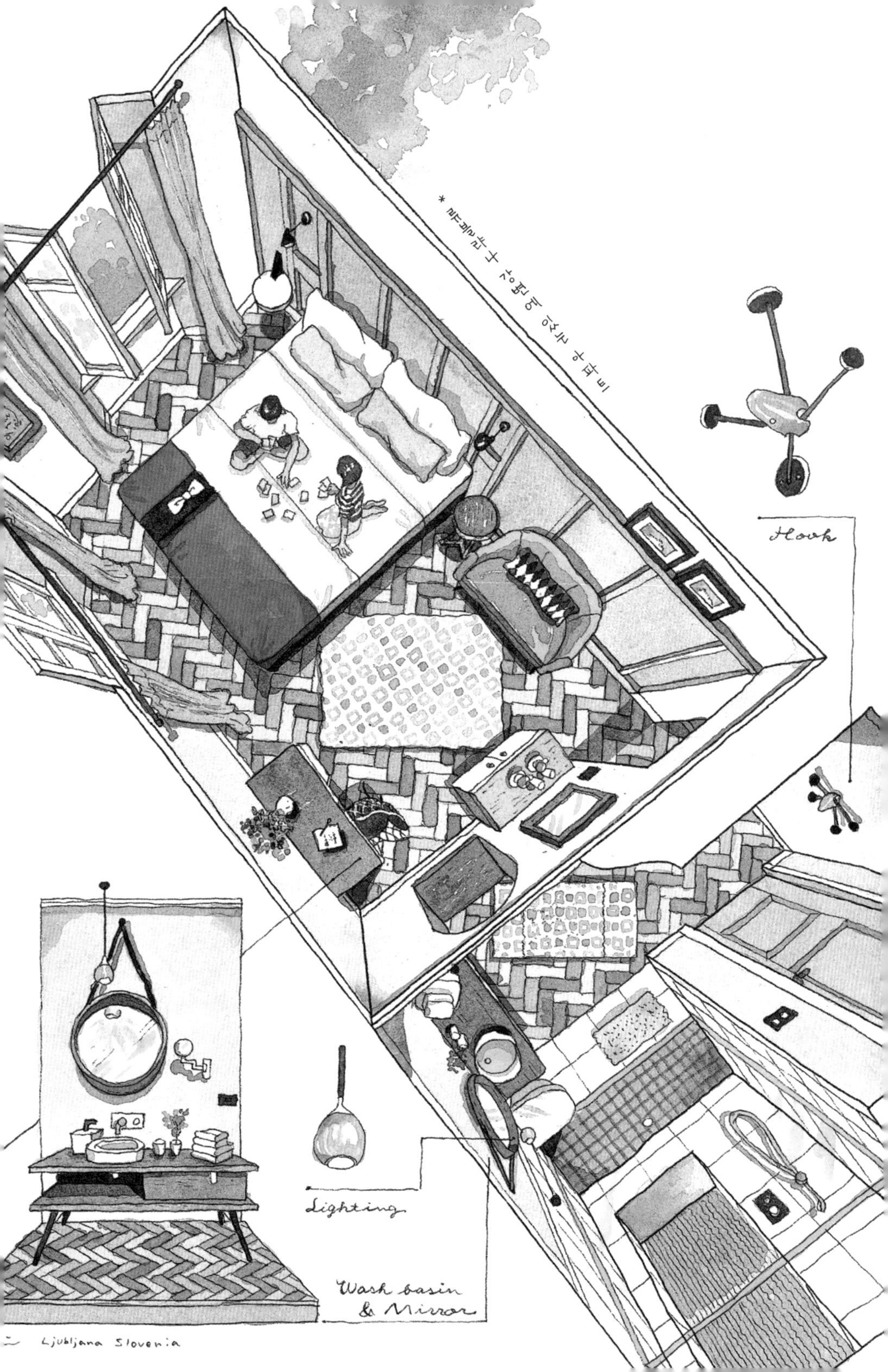
* 류블랴나 강변에 있는 아파트
Hook
Lighting
Wash basin & Mirror
Ljubljana Slovenia

슬로베니아를 떠나기 전

시내 잡화점에서 이런저런 기념품을 샀다.

달고 진한 꿀과 마음에 들었던 화이트와인,

레몬 올리브 오일, 각종 초콜릿을

가방 가득 담고 귀국길에 올랐다.

s.p. Družinska v
8220 Šmarješke Topli
화이트 와인
alk 11.5 %
METLIKA
BELOKRANJEC
PTP
limono
레몬 올리브 오일
250 ml
GOLD ISTRA
EKSTRA DEVIŠ
OLJČNO OLJE
s limono
250 ml - 8.45 OZ
깃털 무늬 냅킨
Okusi Slovenij
TEMNA ČOKOLADA
figa
fig
무화과 초콜릿
NAJBOLJE UP.
L. 362/16
MIRO - TARTUFI
MOTOVUN. ISTRA
"SALSA TARTUFATA"
MLJEVENIH ŠAMPINJONA
TARTUFA U MASLINOU
90g
소나에게 받은 트러플
Lipica
postojna
Piran
Dark
Ljubljana
Milk chocolate
Ljubljana
chocolate
Slovenia & Croatia

여행을 마무리하며

방문 지역의 마그넷을 수집하곤 한다.

마그넷이 모이는 만큼

추억도 소복소복 쌓여 간다.

소중한 이야기를 담은 물건은

그리운 시간을 떠올려 준다.

"이곳을 기억해 주세요."

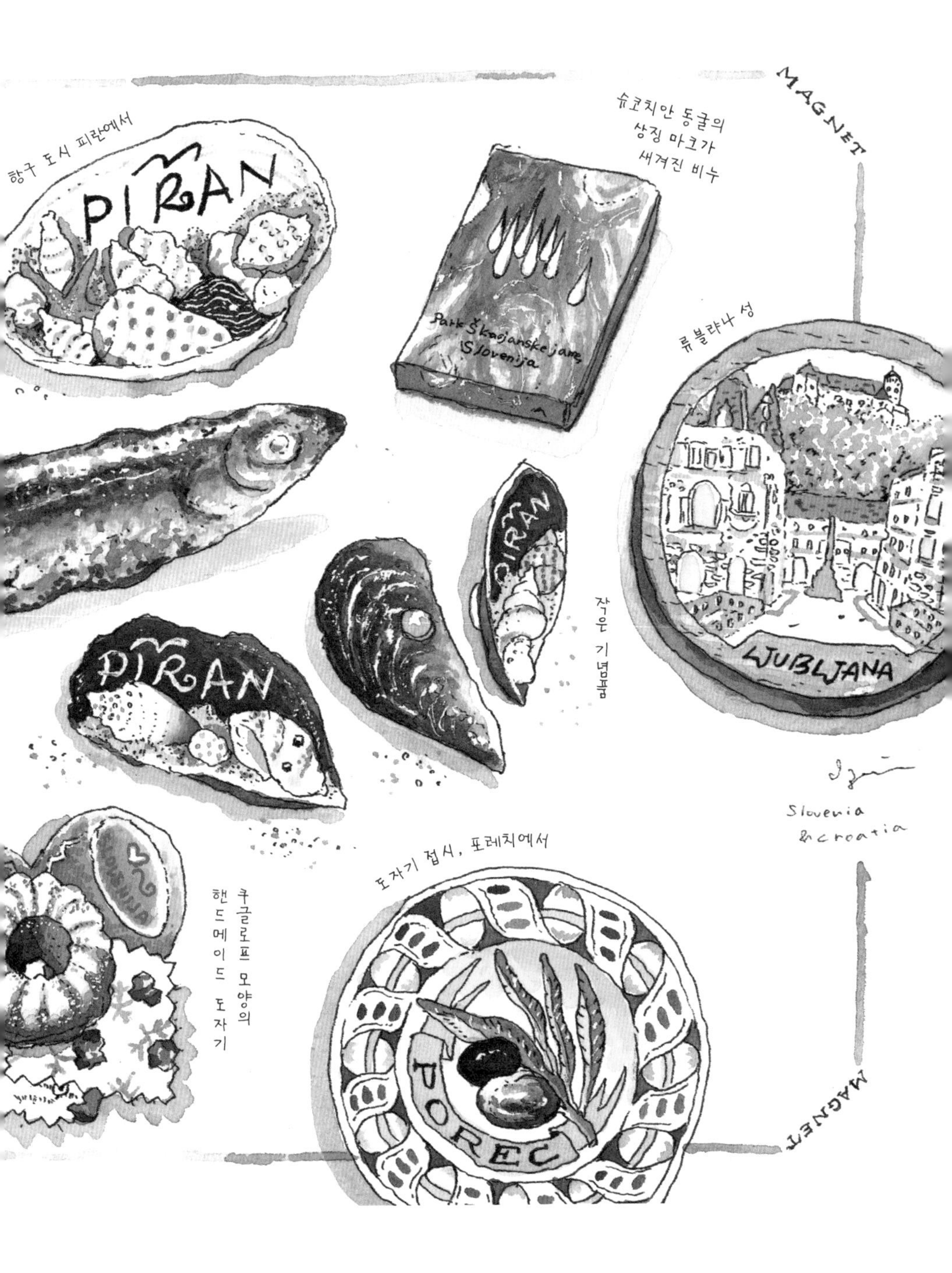
항구 도시 피란에서
PIRAN
슈코치안 동굴의
상징 마크가
새겨진 비누
Park Škocjanske jame Slovenija
MAGNET
류블랴나 성
LJUBLJANA
PIRAN
PIRAN
작은 기념품
Slovenia & croatia
쿠글로프 모양의
핸드메이드 도자기
도자기 접시, 포레치에서
POREC
MAGNET

일상의 시간을 거니는 유럽 스케치 여행

1판 1쇄 펴냄 2019년 11월 15일

지은이 다카하라 이즈미
옮긴이 김정미

출판등록 제2009-000281호 (2004. 11. 15.)
주소 (03691) 서울시 서대문구 응암로 54, 3층
전화 영업 02-2266-2501 편집 02-2266-2502
팩스 02-2266-2504
이메일 kyrabooks823@gmail.com
ISBN 971-11-5510-081-3 13980

Kyra

• 키라북스는 (주)도서출판 다빈치의 자기계발 실용도서 브랜드입니다.